聖女貞德的
戰爭教室

國家圖書館出版品預行編目資料

聖女貞德的戰爭教室：反對戰爭的理由是什麼? / 李香晏著; 李敬錫繪; 邱子菁譯.--初版一刷.--臺北市: 三民, 2019

面; 公分.--(奇怪的人文學教室)

ISBN 978-957-14-6626-2 (平裝)

1.戰史 2.兒童讀物 3.人文學

592.9 108006315

© 聖女貞德的戰爭教室
——反對戰爭的理由是什麼?

著作人	李香晏
繪圖	李敬錫
譯者	邱子菁
責任編輯	洪翊婷
發行人	劉振強
發行所	三民書局股份有限公司
	地址 臺北市復興北路386號
	電話 (02)25006600
	郵撥帳號 0009998-5
門市部	(復北店) 臺北市復興北路386號
	(重南店) 臺北市重慶南路一段61號
出版日期	初版一刷 2019年5月
編號	S 600380

行政院新聞局登記證局版臺業字第〇二〇〇號

ISBN 978-957-14-6626-2 (平裝)

http://www.sanmin.com.tw 三民網路書店

反對戰爭的理由是什麼？

文／李香晏　圖／李敬錫　譯／邱子菁

三民書局

作者的話

下面這些名詞，是曾經在韓國發生的歷史事件。

〔**高麗蒙古戰爭、萬曆朝鮮戰爭（壬辰倭亂）、丙子胡亂、韓戰……**〕

這些事件的共同點是？

這些都是韓國曾發生過的重大戰爭。

韓國因為地處兩強（中、日）間，歷史上屢遭侵略，朝鮮半島上因而發生過許多戰爭。其中發生在韓國朝鮮時期的壬辰倭亂和韓戰（又稱625戰爭），都造成了嚴重的悲劇。壬辰倭亂始於日本的入侵，長期戰爭造成國土荒廢及許多人喪命。

而發生在西元1950年的韓戰，則是大韓民族內部的戰爭。對於韓國人來說，這場戰爭造成的悲劇更加巨大。血脈相連的大韓民族，因為理念與體制的不同而將槍口對準彼此的胸口，在這場戰爭中，更有無數的人喪生，為此和家人分開的離散家庭也不計其數。

更不幸的是，韓戰所留下的傷痛至今尚未平息。目前，韓國仍然是分裂成北韓與南韓兩個國家，朝鮮半島上的人民也經常害怕戰爭爆發。

為什麼會發生戰爭呢？沒有能阻止戰爭的方法嗎？為了阻止戰爭發生，我們應該做什麼樣的努力？

這本書是為了思考這些問題而誕生的。

書中的主角浩東某天進入一個奇怪的遊戲中，並且在遊戲世界裡經歷了一場特別的戰爭。

究竟浩東所看見的戰爭是什麼模樣？浩東能夠從可怕的戰爭中逃脫出來，再次回到家裡嗎？現在我們就一起進入到浩東特別的冒險故事中一探究竟吧！

李香晏

目次

教室守護天使的特別課程

介紹這本書中出現的奇怪人物們！

不僅很會讀書，還很擅長運動。
用一句話來說，就是個無所不能的完美小孩。
總是擔任班長的浩東，竟遇到了令人意外的對手。
浩東的對手燦浩，除了擅長傾聽同學們說話，
其他什麼都不厲害！
不行！絕對不能失去班長這個位子！
某天，在浩東面前，出現了一個奇怪的遊戲，
叫做「奇怪的人文學教室戰爭篇」，這到底是什麼樣的遊戲呢？

貞德
是遊戲裡的角色之一，
被稱為英法百年戰爭的英雄。
但她居然只有十七歲，
而且還有著稚氣未脫的外表！
以這種柔弱的形象，
究竟是怎麼成為戰爭的英雄呢？
教室守護天使
遊戲中出現的奇怪天使！
雖然不清楚他的真面目，
但卻是他把浩東帶到遊戲之中。
燦浩
擅長傾聽同學說話的小孩。
或許是因為這樣，
他的耳朵特別大。
以班長候選人的身分強勢登場，
他能贏過浩東並當上班長嗎？

1. 進入遊戲！

走在往學校的路上，浩東的腳步很沉重。

「萬一班長的位子被搶走，該怎麼辦？」

今天是浩東班上選班長的日子！浩東從來沒有失去過班長的位子。有比全校第一名又擅長運動的浩東，更適合當班長的人嗎？

「浩東，提名班長人選的時候，我一定會第一個推薦你！」

既然死黨善宇都承諾會提名我，這次班長選舉的結果已經很明顯了。但這只是在燦浩成為班長強力候選人前的想法。

一想到燦浩，浩東就覺得胸口悶悶的。

「金燦浩！都是那小子害的！」

燦浩是去年轉學到浩東班上的孩子，在女生之間很受歡迎，因此成為班長候選人的黑馬。燦浩總是笑臉迎人、認真傾聽其他同學們說話，加上他特有的親切語氣，讓男生們也很喜歡燦浩。

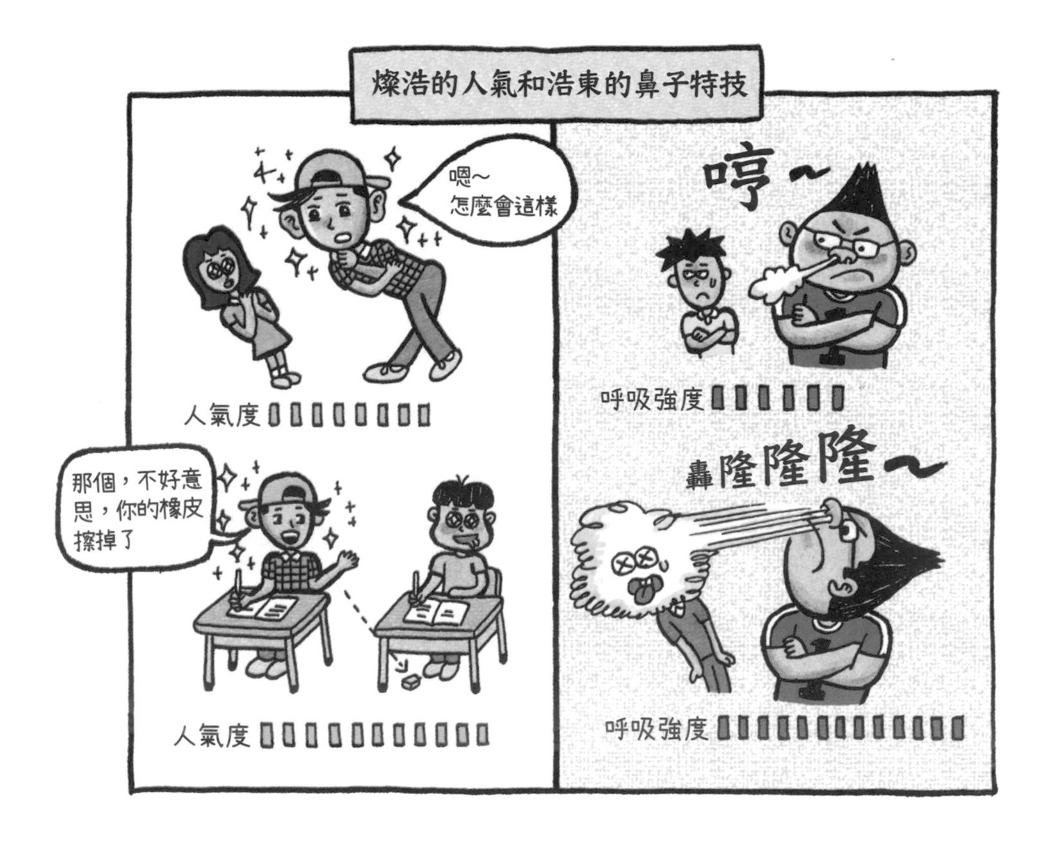

或許是因為太有人氣的緣故，班上開始出現一些不尋常的意見。

「如果燦浩當我們班的班長就好了。」

「沒錯，燦浩是會認真聽別人說話的人。他一定能好好帶領我們班的。」

浩東對此非常不以為意。

「什麼班長！他可是從來沒有當過班長的人。不僅不會讀書，還因為身體虛弱，所以也不擅長運動。那種人憑什麼當班長！以為班長是誰都能當的嗎？」

但現在還不能掉以輕心。選班長的日子就快到了，班上的孩子們已經因為這次的班長選拔分成兩派，分別是浩東派和燦浩派。

「班長果然還是要浩東來當。不但很會讀書，而且每年都當班長，已經有很多經驗了。」

「當班長跟會不會讀書有什麼關係啊？只要有機會，誰都可以當班長。要當過才會有經驗啊！所以這次就給燦浩一個機會吧！如果是會傾聽朋友說話又很有想法的燦浩，一定能成為很棒的班長。」

居然要我放棄班長的位子！那是浩東無法想像的事情，班長

的位子可是浩東的自尊心和象徵。

浩東生氣地緊握拳頭。

「班長的位子是我的！那個瘦皮猴燦浩居然敢貪圖我的位子！不能被燦浩搶走！絕對不行！」

但是班上分成兩邊的浩東派與燦浩派，正因為班長選舉，對立越來越激烈。終於到了決勝的選舉日。

噹噹噹～

最後一節課的鐘聲響了，也就表示終於到了班長選舉的時候了。由於競爭激烈，從提名開始，雙方的氣勢

就不相上下。

答應浩東會提名他的善宇緊握住拳頭，怒視著要提名燦浩的世雅。

「我一定要比世雅先舉手，然後提名浩東。」

但是沒有一件事順他的意。因為太過緊張，善宇慢了世雅一步。一聽到老師要大家提名候選人，世雅就馬上舉手。

「我想提名親切又有想法的燦浩！」

浩東心裡一沉。

「從提名候選人就落後了，真不吉利！再這樣下去，要是真的讓燦浩當上班長的話怎麼辦？」

浩東無法想像自己輸給燦浩。浩東現在的心情就像是上戰場前的士兵。

「這是戰爭！戰爭需要作戰計畫。沒錯！我必須制定作戰計畫。要怎麼做才能贏燦浩呢？」

剛好想到一個好主意。浩東突然舉起手大聲地說：

「老師，要成為候選人應該也需要條件吧？這是要負責我們班事情的職位，我認為至少要符合一定的條件。」

聽到浩東的話，老師露出了驚訝的表情。

「條件？需要什麼條件？」

「我認為班長的成績至少要在全班前十名以內，最好還是領獎領過兩次以上的人。班長不是代表我們班的人嗎？所以我認為至少要符合這些條件，才有資格當班長候選人。」

瞬間，教室裡歡呼聲和噓聲四起，一片混亂。浩東派的孩子們喊著「沒錯！」另一方面，燦浩派的孩子們則高喊著「這不像話！」並不斷發出噓聲。

因為學生們的激烈反應，老師的表情變得很嚴肅。感到煩惱的老師為了讓學生冷靜，開口說：

「我認為應該不需要那種條件，但你們的意見也很重要，贊同浩東意見的同學們也有一定的人數，老師會再思考看看，所以班長選舉就先延後一天。大家各自認真思考後，明天再討論及做決定吧！」

浩東的作戰似乎奏效了。

「呼！」

浩東安心地鬆了一口氣。

「爭取到時間了！在這段時間內想想看，要怎麼樣才能讓同學們都成為我這邊的人吧！沒有能一次摧毀燦浩那小子形象的好方法嗎？」

想了許多方法的浩東，突然想到了電玩遊戲。

「啊哈！在遊戲裡找方法吧！」

浩東喜歡玩遊戲，其中最喜歡的就是戰爭遊戲。那可是需要制定各種作戰計畫，再進行激烈戰鬥的遊戲！就像浩東現在的情況一樣。戰爭遊戲裡會不會有能克服這次危機的驚人作戰計畫呢？

浩東一回到家，就衝到房間裡的遊戲機前。一打開遊戲機，馬上看到螢幕上跳出新遊戲的廣告視窗。

「這是什麼？」

光是看名字就很奇怪的遊戲，吸引了浩東的目光。這遊戲好像能讓自己因燦浩而累積的壓力，一口氣煙消雲散的樣子，因此浩東迅速地玩起了新遊戲。

這遊戲從一開始就很厲害。遊戲以歐洲的古堡為背景，好像是在說中世紀法國軍隊與英國軍隊之間展開的激烈戰爭。遊戲的介紹文字也非常引人注目。

「哇！居然有這種戰爭？叫做百年戰爭？真帥氣！」

法國軍隊與英國軍隊出現在畫面裡，兩邊軍隊拿著的刀刃正在閃閃發光。戰爭好像就要一觸即發了！怒視著對方的士兵之間突然出現一個有翅膀、好像是天使的角色。這個像是天使的角色對著螢幕外的浩東說：

「我是教室守護天使，也就是開始這個遊戲的教室守護神。如果想要開始遊戲，你必須先選擇你想要見到的人物。請點擊想要見面的人物圖像！這樣遊戲就會立刻開始。

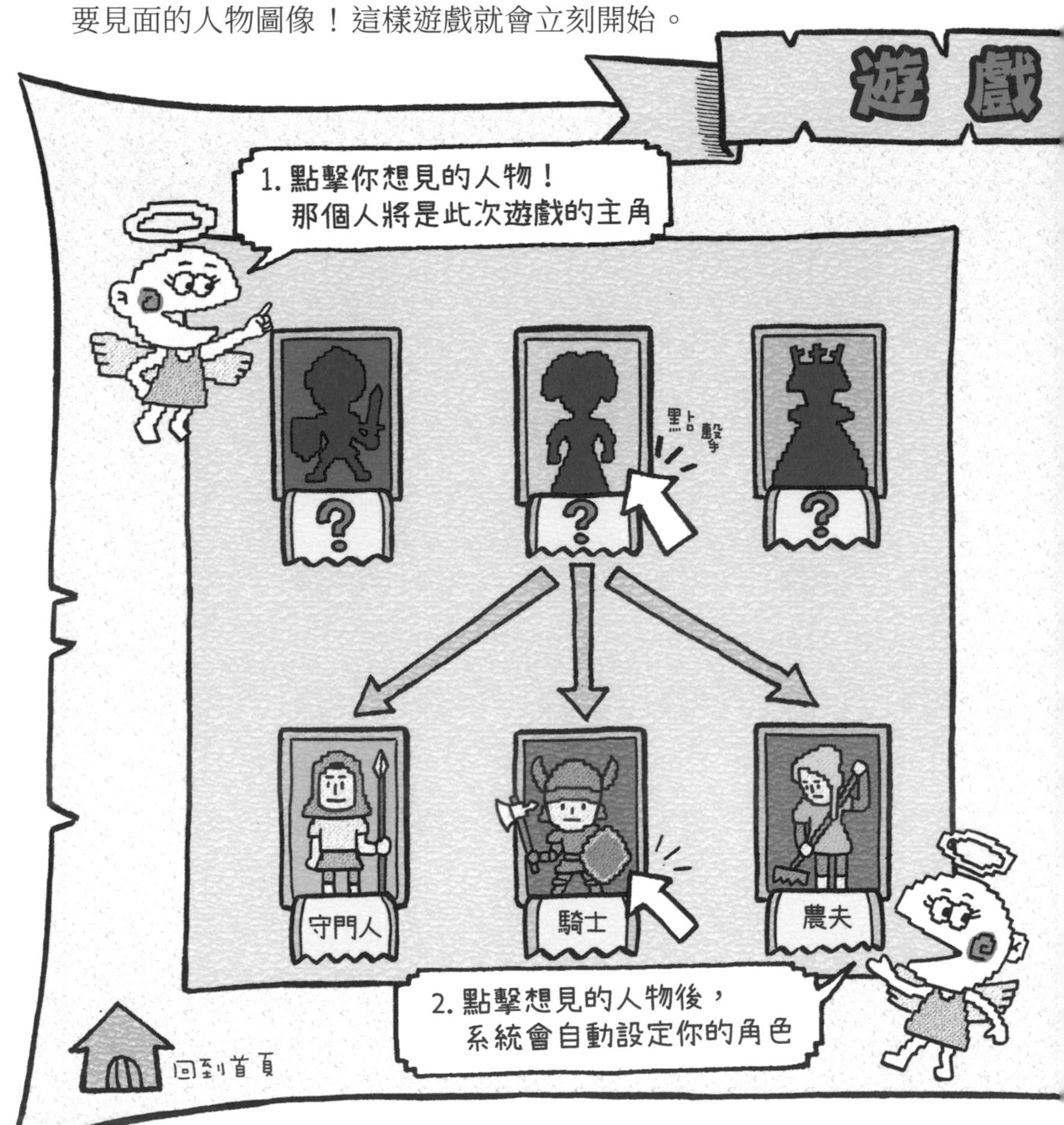

遊戲規則很簡單的！」

配合教室守護天使的說明，遊戲規則出現在畫面中。

「哇！居然有這種遊戲！和之前玩過的電動遊戲完全不一樣！我一定可以在這個遊戲裡找到解決問題的點子。」

浩東發出歡呼聲。

遊戲規則消失後，教室守護天使再次出現在螢幕畫面中。

「完成兩項任務之後，你就可以回到這裡！」

回到這裡？遊戲不是在房間裡玩就可以了嗎？是要回到哪裡？

正當浩東摸不著頭緒時，畫面跳出遊戲中的人物名稱和介紹，分別是「貞德、查理王子、博垂庫爾」這三位人物。

浩東的目光被貞德這個角色的描述吸引住了。

「這人是英雄？那應該很帥。我要選貞德！」

浩東毫不猶豫地選擇人物後點擊按鈕。這瞬間發生了令人意想不到的事。螢幕畫面變得像水波一樣，不停晃動，浩東的手咻地被拉進畫面裡，接著手臂、身體，甚至連腳都被吸進遊戲裡去。

「呃啊啊！這是什麼！」

這個突如其來的狀況讓浩東不知所措。在猶如煙霧般灰濛濛的空間中，傳來了教室守護天使的聲音。

「我在你的口袋裡放了一個特別的遊戲機，那是個人專用的

人物選擇
貞德
查理王子
博垂庫爾
從平凡的村民，
變成了百年戰爭中
最棒的英雄
法國的王子，
在百年戰爭中
因為被英國圍攻
而陷入危機
駐軍在貞德居住
村莊的軍隊指揮官，
深受村民
愛戴與信任

遊戲機，用來檢查你的任務執行狀況。每次完成任務，遊戲機就會發出紅光。遊戲過程中你可以更換一次擔任的角色。如果想要更換角色，按下遊戲機的黃色按鈕就可以了。請記住，更換角色的機會只有一次，而且更換角色的按鈕是『黃色』按鈕喔！」

2. 貞德姐姐和遊戲中的任務

「浩東騎士！快點起來！沒時間在這裡打瞌睡了。」

某個人抓住浩東的肩膀並用力搖晃。好不容易睜開眼睛的浩東發現眼前站著一名陌生青年。那個青年的樣貌十分奇怪，他穿著像是只有在電影裡才能看到的中世紀騎士服，而且手還舉著長矛站在那裡。

「這個人是誰？這裡究竟是哪裡？」

青年催促著浩東。

「貞德要前往查理王子所在的希農城。而我們要做的事情是什麼？就是保護貞德，讓她安全抵達希農城。你馬上起來！」

雖然浩東在青年的催促之下起來了，但浩東還是無法集中精神。希農城是什麼？貞德又是誰？

奇怪的事還不只如此。

「這……這是什麼？」

不知道到底是怎麼一回事，浩東身上居然也穿著一件和青年一樣的騎士服裝，甚至右手還握著長刀。

浩東一下子就恍然大悟了。

「看來我是在遊戲裡！」

弄清是怎麼一回事後，浩東的表情變得開朗了起來。浩東想起了教室守護天使告訴他的第二項遊戲規則……

「啊哈！這就是我扮演的角色啊！將貞德順利護送到城裡的騎士！雖然不知道是怎麼一回事，但是幫助我所選擇的貞德完成

任務，就是我在遊戲裡要做的事。啊，居然有這麼好玩的遊戲！」

浩東握緊雙拳。

「好！我要好好扮演我的角色！」

浩東打起精神觀察周圍。最先映入眼簾的是青年後方的兩個人，一名是看起來很穩重的男子，和另一名看起來像是十幾歲的少年。那兩人中間還有一匹帥氣的馬。

「啊哈！不是說貞德是百年戰爭的英雄嗎？看來那男人就是貞德！」

浩東急忙跑到男子的身邊。

「現在貞德一定是要騎馬了，我要幫忙他騎上馬才行。」

但這又是怎麼一回事？騎上馬的人不是男子，而是那名少年。雖然穿著盔甲、戴著頭盔，但是少年有著稚嫩的臉龐，看起來還很年輕。該不會這位少年就是百年戰爭的英雄貞德吧？

被浩東誤會是貞德的男子，在協助少年上馬時說：

「貞德，但願妳能順利抵達希農城和王子見面，告訴他妳的想法。我會向上天祈禱的。」

少年露出微笑回答：

「博垂庫爾指揮官，請別擔心。我一定會見到王子。」

此時又發生讓浩東感到驚訝的事。嗯，那聲音是？

「竟然不是男生，而是女生！」

那個聲音很明顯是女生的聲音。仔細觀看少年的樣子，不僅

臉蛋白皙，還有一頭金色的長髮，紅潤的兩頰之間還有豐厚的紅脣。原來貞德不是少年而是位少女。

青年騎士向不知所措的浩東說：

「連身為軍隊指揮官的博垂庫爾都挺身幫忙了，我們必須要好好做才行。我們趕緊護送貞德到希農城吧！」

貞德身旁還有幾名騎士。他們一行人全都是要護送貞德前往希農城的人。

「出發前往希農城！」

在高喊聲中，貞德的馬開始奔馳，浩東與騎士們則一起跟隨在後。

「希農城是哪裡？為什麼貞德要去見王子？」

浩東的腦袋裡充滿疑問，但他仍是乖乖地跟著隊伍一起前進。

離開村莊後，他們一行人走進了安靜又偏僻的山路。走了一陣子後，貞德在樹林間讓馬停下。

「在這裡休息一下吧。」

下馬後的貞德坐在大樹的樹蔭下，浩東也迅速走到樹蔭下。他再也忍不住內心的好奇，向貞德開口問道：

「貞德，妳為什麼要去希農城呢？」

打開水壺的貞德呆呆地看著浩東說：

「是第一次見到的小騎士呢！你累了吧？喝點水吧！」

浩東剛好覺得口渴，他立刻接下水壺，咕嚕咕嚕喝下了水，涼爽的水就像糖水一樣甘甜。浩東將水壺還給貞德，貞德也喝了一口水，接著溫和地說：

「這件事說來話長，其實我是收到了天使的啟示。」

浩東睜大雙眼。難道貞德也跟浩東一樣，見到了教室守護天使嗎？

「姐姐妳也見過守護天使嗎？那只是遊戲角色而已啦！」

貞德嘴角上揚並露出微笑。

「姐姐？好，你以後就叫我姐姐吧！我十七歲，你看起來比我小五、六歲。雖然不知道你說的教室守護天使或遊戲角色是什麼，但我遇到的天使並不是你說的那種天使。我遇到的是真正的天使。天使要我帶領軍隊去擊退英國軍隊和它的同盟——勃艮第軍隊！現在我們法國不是正在跟英國戰爭嗎？法國在這場戰爭中正處於不利的情況，再這樣下去法國會輸給英國的，所以天使命

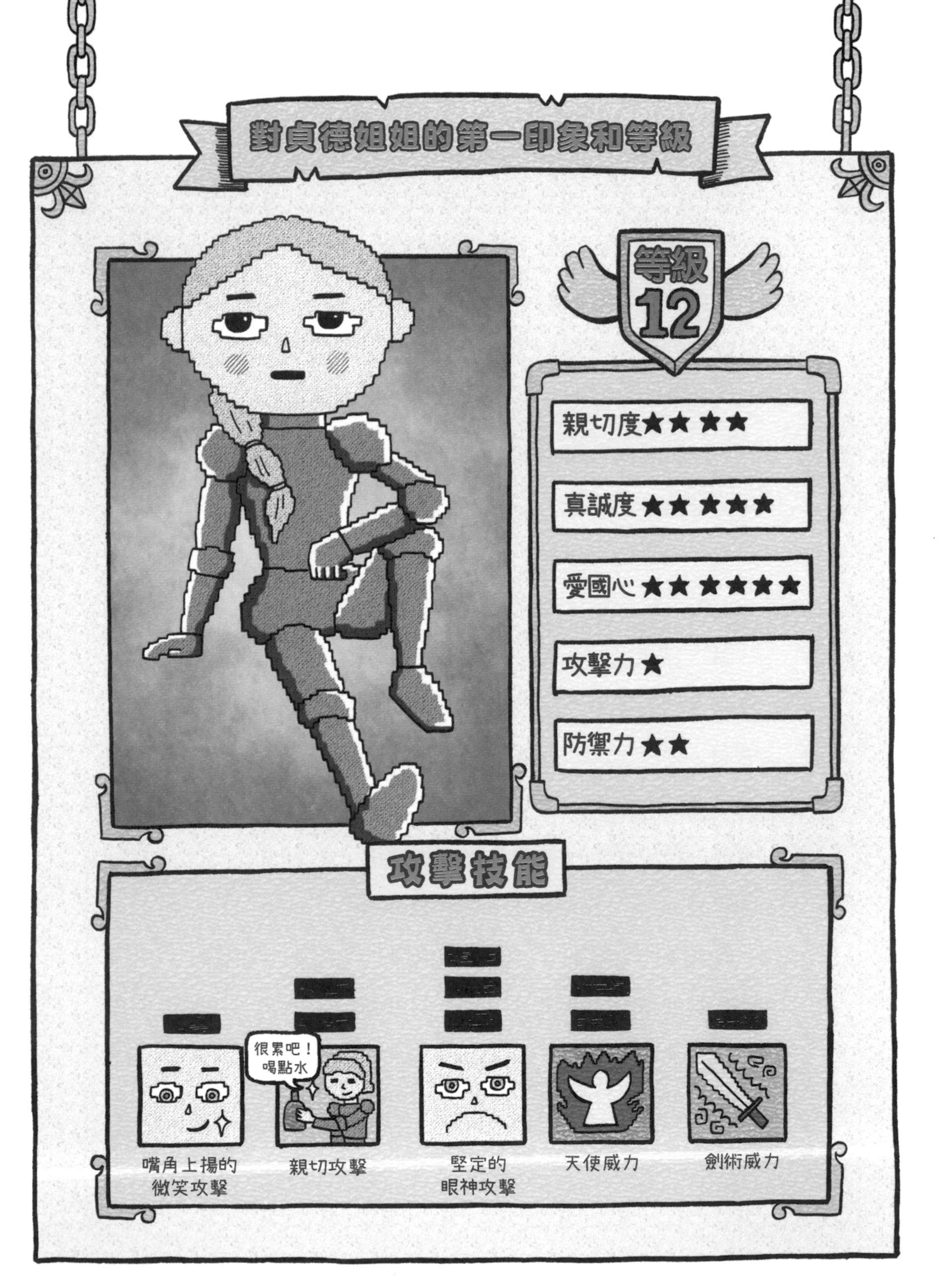
對貞德姐姐的第一印象和等級
等級
12
親切度★★★★
真誠度★★★★★
愛國心★★★★★★
攻擊力★
防禦力★★
攻擊技能
很累吧！
喝點水
嘴角上揚的
微笑攻擊
親切攻擊
堅定的
眼神攻擊
天使威力
劍術威力

令我守護法國。天使的話就是上帝的話，我必須遵守。」

噗！浩東聽到後大笑了起來。光是「遇到天使」這件事都很難讓人相信了，何況是天使要一位十幾歲的少女去帶領法國軍隊！無論是誰聽到都會覺得好笑的。

但貞德的表情相當堅定。

「一開始所有人都像你這樣嘲笑我，也常聽到別人說我是神經病。但是在我真實傳達天使的話之後，村民們也開始相信我說的話，甚至連騎士們都挺身而出，說會帶我到希農城。只有見到在希農城的王子，我才能取得指揮士兵的資格。」

這時，浩東才真正明白眼前的情況和自己擔任的角色。貞德因為收到天使的啟示而站出來，必須在這場戰爭中帶領法國軍隊取得勝利！為了幫助貞德完成這件事，浩東扮演的角色就是護送貞德到希農城的其中一名騎士。

但前往希農城的路並不好走。既漫長又危險的山路怎麼走都走不到盡頭。

「哎呀！好累！」

浩東喘得上氣不接下氣。但是貞德和其他騎士完全沒有表現出疲憊的樣子。騎士們的表情反而都是很開心、很興奮。

「只要貞德能獲得王子的認可，便可以帶領我們法國軍隊迎戰英國。這樣法國軍隊就一定能獲得勝利！」

「對！對！貞德是誰？她可是收到天使啟示的特別之人。從古至今，大家都說收到天使啟示的人擁有特殊的能力。貞德一定會帶領我們獲得這場戰爭的勝利。」

浩東好像可以理解騎士們的想法。

「貞德姐姐簡直就像是勝利女神一般的存在。」

通常遊戲中都會有個擁有特殊能力的角色，那個角色會成為英雄，並且帶領遊戲走向勝利。在這次的百年戰爭遊戲中，那個特別的角色就是——像「勝利女神」一樣的貞德。貞德會是成為英雄的少女戰士！以戰爭遊戲的角色來說，她是最棒的。

在遊戲過程中，必須要蒐集到的東西就是「希農城王子的認可」。那麼，一定要帶貞德到希農城，成功獲得王子的認可才行。

浩東慢慢靠近貞德身邊，自信滿滿地說：

「貞德姐姐！請別擔心。我一定會幫助姐姐完成任務的。」

浩東因為對之後的遊戲感到期待，心臟怦怦亂跳。

噴火

希農城
咳咳
咳咳
噗哈～

3. 任務完成！

希農城內有座既巨大又雄偉的城堡。站在高大的門前，浩東不禁感到害怕，但是貞德卻感覺一點也不畏懼。

「請開門！我是來拜見王子的！」

貞德的聲音裡沒有流露出一絲動搖或恐懼。

嘰咿咿～打開笨重的城門時，發出了巨大的聲音。開門的守門人面露好奇地問騎士們：

「那位少女是貞德嗎？就是那位收到天使啟示的人？」

「你怎麼會知道？」

「消息已經傳得沸沸揚揚了，聽說棟雷米村裡有一名叫貞德的少女，收到了天使的啟示。現在那名少女正在前來希農城的路上，我們的王子很想知道貞德是不是真的聽到了天使的啟示，很早之前就在等待她的到來了。」

聽到守門人的話，騎士們就像是獲得力量，挺起了胸膛。

「快點進去吧！」

一進到城裡，巨大的城堡出現在眼前。一名男子突然現身，從他的穿著打扮來看，應該是王子的臣子。男子鄭重地向我們行禮問好後，揮手說道：

「請到城堡裡的接見大廳與王子會面。請往這邊走。」

雖然到希農城的路遙遠又險惡，但到了城裡後，所有的事情反而都進行得很順利。如果事情可以一直這麼順利的話，要獲得王子的許可簡直是易如反掌。

貞德進到寬廣又華麗的接見大廳，浩東和其他騎士也跟在她後面。

接見大廳裡充滿了人。儘管如此，還是可以一眼就認出誰是王子，因為任誰來看都會知道，站在眾多臣子之中，衣著最華麗、頭戴王冠的那名男子就是王子。

「向王子殿下行禮！」

聽到剛剛那名男子所說的話，騎士們便紛紛走到王子身旁，單腳屈膝跪下表達敬意。

浩東突然停下來，覺得事情有點奇怪。

「好奇怪！所有的事情都進行得太順利了。一般來說，玩遊戲時，在這種時刻應該會出現陷阱吧！」

浩東想起稍早之前守門人說過的話。

「『我們的王子很想知道貞德是不是真的聽到了天使的啟示，很早之前就在等待她的到來了。』既然他這麼說的話，那也就是說，王子可能已經想出了能測試貞德的話是真是假的方法。那麼……？」

浩東急忙在貞德耳邊低聲地說：

「姐姐，這很明顯就是個陷阱。事情不可能進行得那麼順利，請仔細觀察！」

貞德露出笑容。

「我知道！現在這個行禮問候就是個陷阱。」

「嗯？這是什麼意思？」

貞德背對著搞不清楚狀況的浩東，挺起胸膛走向前方。

但是貞德走的方向有點奇怪，她避開王子，走向臣子之中衣著最破舊的人。

「哎呀！貞德姐姐好像認錯人了。怎麼辦？」

浩東覺得眼前一片昏暗。怎麼會犯下這種失誤？貞德居然連

姐姐找錯
人了……
姐姐～

妳怎麼知道我
就是王子？
什麼？！

王子都認不出來，那還有誰會相信她的話呢？

貞德在看起來最不像王子的人面前單膝下跪，鄭重地向他行禮。

「查理王子殿下，我是因為得到天使啟示而來到這裡的貞德。請賜給我士兵，讓我能遵循上天的啟示。我會上戰場打敗敵人，拯救百姓和國家。」

浩東發出嘆息。

「哎呀呀！看來沒辦法獲得王子的認可了。王子殿下一定很生氣。」

原本以為接見大廳會充滿王子可怕的斥責聲，沒想到反而傳出了爽朗的笑聲。

「哈哈哈！」

那位穿著老舊衣服、接受貞德行禮的男子豪邁地笑著。男子的眼神和衣著打扮不同，不僅透露著高貴氣質，而且還炯炯有神。

「看來妳收到天使啟示的傳聞是真的。居然一眼就認出我來了！」

這下浩東驚訝到連嘴巴都合不起來。

「那個人居然是王子！」

原本穿著華麗服裝的假王子急忙脫下衣服，幫真的王子穿上。

「看來貞德姐姐真的有特殊能力。她是怎麼察覺到那個人就是王子的呢？難道她真的收到了天使的啟示嗎？」

浩東看著貞德，眼睛閃閃發亮。接見大廳裡的臣子們看起來也和浩東有一樣的想法，他們看向貞德的目光裡都流露著驚訝與敬意。

查理王子的表情更為驚訝。上天為了法國的勝利，送來了貞德這號特別的人物，王子似乎對此十分感激。

王子對著貞德喊道：

「我要將法國軍隊的指揮權賜給收到上天旨意的貞德！貞德妳前去拯救國家吧！」

王子也吩咐臣子準備特別的禮物。

「我要賜給貞德特殊的盔甲。穿著這盔甲，在戰爭中取得勝利吧！」

由數片金屬板製成的盔甲被賜給了貞德。王子還賞賜一把鑲有各種寶石、非常華麗的劍。穿著新盔甲、手拿長劍的貞德不再

升級結束
鏘
鏘~
完美的女戰士

是稚嫩的少女了，而是一位有著堅定眼神的成熟戰士。戰士貞德誕生！她一定會引領法國軍隊走向勝利，成為百年戰爭中的贏家。

「哇！好帥！」

浩東發出歡呼聲。

這時浩東的褲子口袋開始晃動，口袋裡有東西在震動。

「啊！遊戲機！」

遊戲機小到一手就可握住，因為遊戲機的外型很像手機，所以握在手裡也很方便。遊戲機畫面發出紅光，紅光中出現了白色的字。

恭 喜
你完成了遊戲的第一個任務

浩東露出微笑，但他也想到了還有第二個任務。

任務2
幫助主角實現願望！

「好！第二個任務也要好好地完成！我有信心！」

4. 國王的奇怪舉動

貞德很快就收到出征命令。

「貞德，現在就帶領軍隊前往戰場！相信有妳的能力，再加上我們法國軍隊的勇猛，一定能粉碎敵軍並贏得勝利！」

「是，我會執行王子殿下的命令。」

貞德威風凜凜地指揮著法國軍隊。

浩東也很開心。

「我也要上戰場，像遊戲裡的騎士一樣帥氣地戰鬥。嘻嘻嘻！」

浩東左右揮舞刀子，並喊道：

「放馬過來！我的名字是浩東騎士！我來對付你們！」

但浩東的希望很快就破滅了，貞德為了阻止浩東而站出來。

「你還太年輕，不能上戰場，所以你待在這裡等我回來。」

浩東覺得非常失望。

「不要！我也要去！」

面對浩東的哭鬧，貞德的態度還是很堅定，並沒有動搖。

「你看看其他的士兵們，所有人的身高和體格都是你的兩倍以上，敵軍也是如此。面對那種敵人，你有辦法好好揮刀嗎？你馬上就會受傷，倒在敵軍的刀刃之下。要等到你再長高一點，才能上戰場。」

聽到貞德說的話，浩東全身發抖。如果真的被敵人鋒利的刀砍到的話……

「呃呃呃……」

「你留在希農城等我，我會消滅敵軍，帶著勝利回來的，到時候再一起開慶祝派對吧！」

貞德自信滿滿地笑著。

即將離開希農城的貞德與法國軍隊，模樣既威風又帥氣。浩東在城門前為貞德送行。

「貞德姐姐！一定要取得勝利後回來喔！」

雖然浩東獨自留了下來，但在希農城的生活也不錯，這都多虧了王子的特別照顧。

王子向底下的奴僕與臣子說道：

「好好照顧浩東騎士！」

浩東覺得從未體驗過的皇宮生活還蠻新奇的，和士兵們練習武術很有趣，探索城堡裡的各個地方也很好玩。浩東每天也在期待傳令兵所傳來的戰況消息：

「由貞德帶領的我軍驅逐了英國軍隊，而且即將前去征服其他的城！」

傳令兵的話很快就會傳到查理王子的耳裡，每到這種日子，心情變好的王子和城裡的人就會更加熱情招待浩東。

「嘻嘻！這都是託貞德姐姐的福，我才能享受到這些。」

貞德逐漸成為法國人民的「勝利女神」與「幸運女神」。據說收到天使啟示的貞德，光是出現在法國軍隊面前，就能讓法國士兵們獲得力量。士兵們因為貞德，產生很大的勇氣和自信心，所有人都覺得法國可以獲得勝利。

在法國軍隊勝戰連連的期間，查理王子舉辦加冕儀式，正式登基成為法國國王查理七世。

另一方面，因為到處都流傳著貞德收到天使啟示的傳聞，所以英國軍隊只要看到貞德就會喪失鬥志。

過沒多久，城裡開始流傳著這樣的傳聞：

「戰爭好像要結束了。聽說持續打敗戰的敵軍要求進行和平協商了啊！」

在和平協商後會簽訂和平協定，所謂的和平協定是為了結束戰爭、恢復和平而簽訂的協定。看來戰爭就快要結束了。

「如果戰爭結束，貞德姐姐也會回來吧？」

浩東感到很興奮。

「姐姐回來後應該會獲得很大的獎賞吧？姐姐，快點回來吧！」

但是不管他怎麼等待，貞德都沒有回來，只有關於貞德的奇怪傳聞傳回城裡。

「陛下，聽說貞德還在蘇瓦松打仗。但是在那裡的戰鬥時間越拖越長，變成了很難保證會取得勝利的狀況。她請求我們立即增派士兵到那裡。這該如何是好？」

聽到傳令兵所傳達的消息，查理七世露出嚴肅的表情。或許貞德正在打簽訂和平協定前的最後一場戰役，所以即使是一塊不大的土地，或僅是一名普通的國民，也想要爭取，貞德和法國軍隊很明顯是還在為此努力著。他們或許正是因相信查理七世馬上就會增派援兵，才一直不肯撤退。

但查理七世點了幾次頭後，便什麼話也沒說了。對此感到焦急的浩東纏著查理七世問道：

「陛下，貞德姐姐可能會有危險。請您趕快增派援兵。」

站在查理七世身旁的傳令兵急忙摀住浩東的嘴巴。

貞德請陛下派遣
士兵至蘇瓦松
嗯～
什麼？
在打瞌睡嗎？
呼呼呼
齁齁～
現在
不是打瞌睡
的時候！
這小子，
還不給我安靜！

「你這傢伙！竟敢催促陛下！你想死嗎？馬上出去！」

被傳令兵拖出來的浩東感到疑惑。

「陛下到底為什麼不下命令呢？」

守門人中的一名士兵看著浩東發出不屑的聲音後說：

「嘖嘖！看來你完全不知道現在的狀況。陛下是絕對不會派士兵過去的。」

「這是什麼意思？」

「現在戰爭就快結束了。但是比起陛下，百姓們更喜歡貞德，還說她是拯救國家的英雄呢！如果貞德回到城裡，人們就會想追隨貞德，而不是查理七世陛下。那麼，陛下的心情又會是如何呢？比自己更受崇拜的貞德會讓他很有壓力，說不定陛下希望貞德被敵人抓走呢！」

天啊！浩東的心重重往下一沉。

「這不像話，陛下不可能會那樣。」

但士兵的話成真了。查理七世沒有增派援兵，最後傳來了不幸的消息。

「陛下，貞德被敵人抓走成為俘虜了。」

因為貞德的消息，希農城內吵得沸沸揚揚。

「聽說貞德被關在監獄裡。」

「如果不馬上去救她，她很快就會被處死的！」

浩東對著人們大喊：

「不行！貞德姐姐為了法國，賭上自己的生命去戰鬥。那樣的人怎麼可以死掉！不能坐視不管啊！」

但是在查理七世不為所動的情況下，根本沒有其他方法。看不下去的浩東握緊雙拳，下定決心。

「我要去救出姐姐！」

浩東就這樣跑出城，開始沿著眼前的路奔跑。

但要往哪裡跑呢？要怎麼做才能救出貞德呢？浩東感到茫然。

煩惱的浩東想起教室守護天使說過的話：

「你可以更換一次擔任的角色。如果想要更換角色，按下遊戲機的黃色按鈕就可以了。」

浩東拍了下膝蓋。

「啊哈！我有遊戲機呀！」

浩東急忙拿出遊戲機，按下了黃色按鈕，說明的文字出現在螢幕上：

要更換成什麼角色才能去到貞德所在的地方呢？煩惱了好一陣子，浩東開始用手指在畫面上寫下這幾個字……

「看守貞德姐姐的監獄士兵。」

這一瞬間，浩東能感覺到，自己的身體又再次被捲向某處……

看守貞德姐姐的監獄士兵

5. 變成女巫的貞德

「這裡是哪裡？」

浩東睜開眼後看向四周，他看到一棟又高又陰森的房子。漆黑的高牆和鐵窗說明了一切。

「是監獄！我應該是來到了貞德姐姐所在的監獄。」

某個人叫了浩東。

「喂！交班時間到了。換你去看守關貞德的那間牢房！」

一位士兵從監獄裡走出來，並把手中的矛交給浩東。原來浩東成功交換了角色，變成看守拘禁貞德的監獄士兵了！

浩東收下矛後，開始環顧起監獄四周的景象。監獄周圍看起來像是一般百姓所居住的村莊，村莊的景象看起來很淒慘。建築物幾乎都倒了，孩子們正在著火的房子前哭泣；街道上四處滿布鮮血，無數的人倒在地上。

「戰役一直打到昨天，能夠毫髮無傷存活下來的人應該不多。嘖嘖！」

將矛交給浩東的士兵邊走邊這麼說。

浩東感到驚慌失措。玩戰爭遊戲時只會想像到帥氣的戰鬥場面，他不曾想像過人們居住的村莊會成為戰地，也從未擔心過住在那裡的人們。

「遊戲裡的戰場只有帥氣的士兵們，沒有這樣的場景啊……」

那麼遊戲中體驗到的戰爭是假的嗎？

浩東想起曾在電視上看過的難民們。這些難民為了躲避每天從天而降的炸彈而失去家園，有些難民甚至需要渡海才能順利抵達安全的地方。但這些難民們卻可能因為在渡海途中遭遇風浪，掉入海中喪命，或是也有可能被無情的子彈擊中。

那天一起看電視的爸爸這麼說：

「戰爭真的很可怕。希望不要再發生那種事了。」

「爸爸，為什麼會發生戰爭？」

聽到浩東突如其來的問題，爸爸說了這樣的話：

「每個人都有各自想要的東西，而且不想與人分享。為了佔據更多想要的東西，人們互相爭奪，於是產生了衝突，結果最後就演變成戰爭了。以前各個部落是為了佔據更多土地或糧食而發動戰爭。但現在隨著國家和人口的增加，人與人之間的關係也變得複雜了，所以發生戰爭的理由也變得更多、更複雜。但最根本的原因其實都是一樣的，那就是因為人類的『貪心』與『自私』！我認為這才是最大的問題。」

想起爸爸的話，浩東點了點頭。現在遊戲中仍在持續的百年戰爭，其實也是因為英國和法國為了獲得更多土地才爆發的。查理七世不願意去救貞德，說不定也是他害怕人民會因為更喜歡貞德，而擁戴她當上國王，這樣自己的國王位子就會被搶走。

「大家都只想到自己啊！」

浩東的臉突然因羞愧變得又紅又燙。因為他想起班長選舉時所發生的事情。他曾說要規定班長候選人的資格，完全就是因為

如果去救
貞德，
我會有危險！
就算是
無理取鬧，
我也要當上
班長～

自己害怕被燦浩搶走班長的位子，而在無理取鬧。

「原來，我也和他們一樣貪心又自私。」

浩東的臉變得非常燙，他越是感到慚愧，想救貞德的心就越強烈。浩東不想看到貞德因為查理七世的貪心與自私而喪命。

「我得趕快去見貞德姐姐。」

正當浩東加快腳步，走向監獄的時候……

他看見監獄周圍聚集了許多人，人們嘰嘰喳喳地交談著，但他們聊的內容很奇怪。

「貞德真的是女巫嗎？」

「聽說是啊！法國人連這也不知道，居然還把女巫當成英雄

來崇拜。」

浩東嚇了一大跳，擠進人潮中。

「你說什麼？」

「雖然貞德說她收到了天使的啟示，但聽說其實是收到惡魔的啟示。貞德馬上就會被處火刑了，因為女巫要用火燒才會死。」

這是什麼話，根本胡說八道！

「這是誣陷！一定是英國為了殺死貞德姐姐而捏造的故事。他們擔心貞德姐姐被放出來後，會再次引領法軍取得勝利，所以說姐姐是女巫，想處死她。」

浩東焦急地跑到監獄內。

貞德在最後一間牢房裡。浩東看見貞德蜷縮在既破舊又骯髒的監獄地板上。眼前的景象讓人不忍直視，貞德原本耀眼奪目的樣子消失得無影無蹤，只剩下因為戰爭和拷問而憔悴的臉龐和消瘦的身軀。

「姐姐！」

貞德隱藏不住她的驚訝與喜悅。

「是浩東騎士啊！你怎麼會來這裡？那身裝扮又是怎麼一回事？你偽裝成看守監獄的士兵嗎？難道是查理七世陛下派你來的？要你來救我？」

浩東搖搖頭。

「不是。是我一個人……」

浩東沒有繼續說出原本想說的話，他不忍心向貞德說出查理七世的事。

「總之我一定會救姐姐。一定會的！」

但貞德似乎還搞不清楚是怎麼一回事，就開始做出了許多想像。

「但憑你一個人是救不了我的。陛下派你來應該是想要確認作戰的位置吧！別擔心！法國軍隊很快就會來救你和我了。再等一下吧！」

看起來貞德很信任查理七世。

浩東只是嘆了口氣。貞德的模樣看起來非常疲憊，浩東在不

久前看到的村民，看起來也很疲累。飽受戰爭的侵擾，不論是村民還是貞德，其實都活得很辛苦，也非常害怕戰爭。

「戰爭實在是太殘酷了……」

浩東看著貞德的眼神充滿深深的惋惜。

「姐姐，如果沒有發生戰爭，妳會過著怎麼樣的生活呢？」

貞德露出燦爛的微笑。

「那……我或許就不會聽到天使的啟示了，應該會和家人們一起過著平凡的生活、時常跟朋友們聊有趣的事、在小巷裡玩捉迷藏……」

似乎是想起了故鄉，貞德的眼神變得有些迷茫。思念故鄉的貞德，好像開始做起了回到故鄉的夢，眼神變得既幸福又平靜。

看著那樣的貞德，浩東覺得很心疼。

「好！我一定會送姐姐回故鄉！我一定會救出姐姐的！」

6. 貞德的願望

辦法只有一個。

「逃走！沒錯，除了逃獄再回到故鄉，沒有其他辦法了。只有這樣貞德姐姐才能活下去。」

但浩東並沒有可以打開監獄門的鑰匙。該怎麼辦才好？透過鐵欄杆慢慢觀察監獄的浩東，眼睛突然一亮。

「啊哈！就是那個！窗戶！」

雖然是有鐵欄杆的窗戶，但能通到外面的方法看起來就只有這個。幸好鐵欄杆因老舊而生鏽了。

浩東在貞德耳邊說悄悄話。

「姐姐，我會把風，妳去破壞窗戶的鐵欄杆。因為已經很老舊了，只要用力拉扯幾次，欄杆就會掉了。」

貞德馬上就聽懂浩東說的話。

「好！我會試試看！」

貞德想到只要逃離這裡就能回到故鄉，頓時產生了力量。

貞德不斷使力拉扯、踢欄杆，幸好鐵欄杆比想像中還要老舊。拉扯沒幾下，沾滿灰塵的鐵欄杆就掉了。

「好了！」

這時正好是深夜，不用太擔心會被發現。確認其他看守監獄的士兵都在睡覺後，浩東急忙催促貞德：

「姐姐，快點穿過窗戶。直接逃跑就可以了。姐姐順利從監獄出去後，我也會跟上的。」

「我知道了。」

貞德深呼吸，想讓緊張的心情鎮定下來，她雙手使力，然後將周圍的東西疊在一起充當梯子，用盡全力爬出窗戶。

咚！貞德摔到地上時發出了聲音。

「成功了！」

浩東的心怦怦跳著。

「貞德姐姐毫髮無傷地越過窗戶了嗎？天色那麼黑，應該不會被發現吧？姐姐能找到回故鄉的路嗎？」

許多的擔心在浩東腦海裡不斷盤旋。

但過沒多久，他聽到了喊叫的聲音。

「是貞德！貞德逃跑了！抓住她！」

浩東擔心的事情還是發生了。

「怎麼辦？」

浩東急急忙忙地跑向監獄外。黑暗之中，許多火把被高舉晃動著，火光照映出被繩子綁住的貞德。英國軍隊可能是為了防止貞德逃跑，所以早就在監獄外面安排好士兵駐守了。

看見浩東的某個士兵也大喊：

「也抓住那傢伙！他跟貞德是同夥的！」

「這傢伙一定是法國的間諜！把他也一起關進去！」

結果，浩東也被關進了監獄。

雪上加霜的是，之後傳來的可怕消息。

「明天早上要執行火刑。今晚是你們的最後一夜，快好好跟世界道別吧！」

從士兵那裡聽到這些話，浩東全身不斷發抖。

因為這個令人無法置信的壞消息，監獄裡只剩下沉默，貞德和浩東都不知道該說什麼。

過了一段時間後，有一名陌生老人來找貞德。拿著《聖經》的老人先自我介紹，說他是科雄主教。主教是天主教裡地位崇高的神職人員，這點浩東也知道。但為什麼地位如此崇高的人要來找貞德呢？

科雄主教用堅決的聲音喊道：

「禁止女巫貞德領聖體和告解聖事！」

貞德臉色變得像白紙一般蒼白。

「不行！拜託請讓我再做最後一次領聖體和告解聖事。只有這兩件事我必須要做。」

貞德急切地將雙手合十，悲傷地高喊，比聽到要被處火刑時的表情還要驚慌。

浩東不解地歪著頭。領聖體和告解聖事是什麼，為什麼貞德要那麼驚慌？

領聖體 POWER UP

*領聖體：天主教徒為紀念耶穌用自己的血肉救贖世人，便在天主教的祭典——彌撒中，以麵包和葡萄酒來象徵耶穌的肉與血，當吃下這些東西的時候，就能獲得與耶穌合為一體的恩惠

葡萄酒

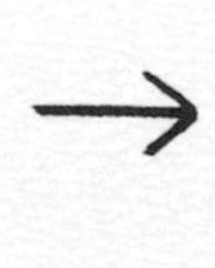
麵包

復活

告解聖事 POWER UP

*告解聖事：天主教徒透過神父向上帝懺悔所犯的罪，並獲得原諒

※請注意，如果被科雄主教搶走復活道具，遊戲就結束了

這時剛好傳來監獄守衛們的談話內容。

「如果沒辦法領聖體，就無法得到和耶穌合為一體的恩惠，不能透過告解聖事獲得原諒也是一樣。對身為天主教徒的貞德而言，沒有比這更嚴重的事了。」

「是啊，就是因為貞德是虔誠的教徒，才會收到天使的啟示啊！天主教徒相信，如果不能領聖體和告解聖事的話，死後就會下地獄。比死亡更可怕的就是地獄了……受火刑後又下地獄！真是沒有比這更悲慘的事了啊……哎哎！」

貞德的聲音變得更加迫切。

「主教大人，請您收回那句話。請讓我能領聖體和告解聖事，這是我最後的願望了！」

浩東瞬間瞪大雙眼。

「願望？對了！幫助貞德實現願望是我的第二個任務。那麼……？」

浩東必須在這遊戲中完成的第二項任務，就這樣出現了。他得讓貞德能夠領聖體和告解聖事！

但要怎麼做才能讓科雄主教回心轉意呢?浩東腦中一片混亂。

隔天早上，天色漸漸變亮。等天色再更亮一點，就要舉行貞德的火刑了。

科雄主教再次出現。

「到了預定的時間，就把貞德帶來火刑場。」

主教仔細地指示士兵許多事項，似乎是為了讓火刑能順利舉行而準備中。

主教是貞德的最後一個希望，所以當貞德看見主教時，她用力大喊：

「拜託！請讓我進行最後一次的領聖體和告解聖事。」

對貞德來說，比起火刑，她更擔心會墜入地獄。看著那樣的貞德，浩東也只能替她感到難過。

主教只是搖搖頭。

「我不能允許女巫做這些事！」

除了把一個正常的人說成是女巫，居然還無視她最後的願望！浩東感到很憤怒。他想要立刻跑過去責問主教，問他貞德到底做錯了什麼？

但浩東知道，那樣做只會讓主教更火大而已。越是這種時候，越是需要冷靜行動。

浩東鎮定地看著主教說：

「主教大人，貞德姐姐最後的願望就是領聖體和告解聖事，這件事再過不久，也會傳到法國人的耳裡吧？而您不答應讓她領聖體和告解聖事的事，也會傳開來的。這麼一來，會發生什麼事呢？大家應該會覺得您不僅殺害了年幼的少女，還不肯幫助她實現最後的願望。人們都認為主教您代表神，是個寬宏大量的人。但這樣的人居然做出如此殘忍的事！大家應該會批評主教吧？他們會說主教您連一點慈悲心都沒有，並懷疑主教的能力吧？」

這是浩東苦思一整晚才想出來的話。能實現貞德願望的方法，似乎就只有這個。果然！主教的眼神動搖了。

「咳！咳！」

主教似乎是感到驚慌而乾咳了幾聲，並陷入深思。

思考了好一陣子，主教嘆了一口氣後說：

「好！我會用慈悲之心答應她實現最後的願望。」

「喔，上帝，謝謝您。」

貞德的表情變得開朗。

傳聞會說
主教很殘忍
人們會
批評主教的
你是纏人的水蛭嗎？
我知道了，
我說我知道了～

主教很快下令將貞德送往教會：

「讓她在教會裡領聖體和告解聖事，之後再將她帶來火刑場。」

7. 遊戲結束

被繩子綁住的浩東被士兵們拖到街上。浩東不斷望向教會的方向。

「姐姐順利完成領聖體和告解聖事了嗎？」

雖然繩子勒得很緊，讓浩東快喘不過氣，但是他根本沒有多餘的心力去想那些。

「希望姐姐不會出現！」

若貞德的身影出現在這街上，就表示貞德只能被拖向火刑場了。如果貞德在教會裡時，能找到逃跑的機會，那會有多好？

但那只是浩東不切實際的盼望。他聽見人們的高喊聲：

「是女巫貞德！」

然後他看到被士兵們拖來的貞德。赤腳且低著頭的貞德看起來很淒慘。

「姐姐！姐姐！」

浩東悲傷地喊道。

貞德抬起頭，瞪大了眼睛，她看見立在眼前的火刑台木樁。她知道那是要用來綁自己的木樁。一瞬間，貞德的眼神不安地動搖著，眼裡充滿恐懼。

下一刻，浩東聽見令人心痛的聲音。

「嗚嗚嗚！嗚嗚！」

是貞德的哭泣聲。貞德在牢裡不曾哭過，聽到將要被處火刑的可怕消息、被禁止領聖體與告解聖事時，貞德也都沒有哭過。但看到木樁後，她才真實感覺到自己即將面臨死亡，所以貞德放聲痛哭。

那並不是女巫的哭泣， 也不是在百年戰爭中帶領法國軍隊取得勝利的英雄的哭泣，那只是年幼少女悲傷的哭泣。

看著貞德的樣子，浩東似乎明白了。雖然她是拯救法國的英雄，但事實上，貞德也只不過是一個被戰爭犧牲的年幼少女罷了。

人們向那樣的少女丟著石頭。

「是女巫！讓女巫受火刑吧！」

人們似乎失去了判斷力。連年的戰爭，使大家都活在恐懼與害怕之中，他們變得不幸且悲傷。是對戰爭的恐懼，麻痺了人們的判斷力嗎？人們現在非常生氣，所以才朝著年幼少女胡亂地發洩憤怒。

在這個因為戰爭才發生的可怕場景前，浩東全身發抖且哭喊著：

「請救救姐姐！這全都是因為戰爭！我討厭戰爭！」

此時口袋裡的遊戲機發射出紅光，在空中顯現紅字。

接著紅光就將浩東的身體團團包圍，浩東眼前也全都被紅光渲染為紅色，突然，他咻地被捲入了某處。

浩東不斷流著眼淚。

他在模糊的視線中看見某個發亮的東西。

您已順利完成這個
任務，現在
遊戲的第二個
來要回到原處

浩東急忙擦掉眼淚，睜大眼睛。

「回來了！」

房間裡的景象跟浩東離開前一樣，遊戲機畫面中的教室守護天使也還是本來的樣子。

「戰爭遊戲有趣嗎？」

聽到教室守護天使的話，浩東又再次大哭起來。

「不！不有趣。太悲傷了。即使是遊戲，我也討厭戰爭。戰爭必須從這個世界上消失才行！」

教室守護天使的嘴角上揚，露出開心的微笑。

「那就好！現在我們要分開了。」

教室守護天使輕輕地揮動雙手。

螢幕畫面慢慢變模糊，教室守護天使也漸漸消失了。在教室守護天使消失後，遊戲畫面中出現大大的字幕：

「GAME OVER（遊戲結束）」

不久後連字幕也消失了。

教室守護天使、貞德姐姐和殘酷的火刑場全都消失了，遊戲結束了。

浩東有點被搞糊塗了。這所有的一切，真的都是發生在遊戲世界裡的事嗎？

「居然有這麼悲傷的遊戲！」

浩東邊擦眼淚邊嘀咕著。

按照浩東以前玩遊戲的經驗，他通常很快就忘記遊戲裡的一切，不論是遊戲裡帥氣的英雄，還是玩遊戲時的刺激感，浩東並不會一直沉溺在遊戲中。但這次的遊戲有點奇怪！雖然結束了，但浩東卻感覺自己仍然在遊戲中。而且這一切就好像是親身體驗過的事情一樣，非常鮮明。尤其是貞德姐姐那張開朗又漂亮的臉，還有姐姐傷心哭泣時的模樣，也不斷在浩東腦海中浮現。

浩東試著忘記貞德姐姐最後的那個樣子，他不斷搖頭。雖然是遊戲，但他也不想要記得貞德悲傷的樣子。

「好！我只要記得姐姐開朗又漂亮的樣子就好！」

想起貞德的浩東仔細思考，然後自言自語說：

「絕對不能再讓戰爭發生了！戰爭是因為人類的貪心與自私而引起的。但我居然也為了自己，在班上掀起了戰爭，我竟莫明奇妙地要求在班長選舉中訂定候選人的條件。啊，真是丟臉！」

如果浩東繼續主張訂定候選人的條件，會使班上同學們的對立變得更嚴重。即使浩東最後當上班長，支持燦浩的同學們也不會輕易接受這樣的結果，一定也會抗議。

那麼，班上同學在選舉後，也一定會繼續對立，每天對著彼此大聲叫罵或互相批評。這簡直和戰爭沒有兩樣。

「絕對不可以發生那種事！」

浩東下定決心。

「好！是我做錯的事，我要負責才行。」

隔天，浩東在全班面前說出了自己的心聲：

「大家聽我說，這次我不會參選班長了。我之前實在太貪心了，為了能繼續當班長，硬是希望大家能訂立參選班長的資格與條件，但我體會到我所說的那些條件其實只對我有利，對燦浩並不公平。我明白到了一件事，如果有人貪心或只想著自己，就可能會引發衝突。我認為貪心的人不應該出來競選，那樣只會造成不必要的鬥爭。所以我想為我昨天說的話道歉，並退出這次的班長選舉。」

教室內瞬間變得鬧哄哄。

「他為什麼要那麼做？」

因為浩東這突如其來的發言，同學們個個面露不知所措的表情。教室頓時變得非常混亂，大家七嘴八舌地討論起來，整間教室變得十分吵雜。為了讓同學們安靜下來，老師開口說道：

「同學們，安靜下來。」

老師看著浩東說：

「那麼，你認為這次的選舉該怎麼做才好呢？你覺得怎麼樣的人才能當班長呢？」

「班長選舉應該要在公正的規定下，正正當當地舉行才行。這樣才能讓正直無私的人成為代表我們班的班長。」

老師笑得很燦爛。

「看來浩東昨天晚上真的想了很多。但怎麼會過了一晚，想法就改變這麼多？難道發生了什麼事嗎？」

浩東苦惱了一下。

「要告訴老師和同學們，我昨天經歷的事嗎？」

但浩東將湧上喉嚨的話吞了下去。反正說了也一定會被大家當成笑話，誰也不會相信的。因此浩東故意開了個玩笑：

「這個嘛……如果我說我遇到天使，大家會相信嗎？嘿嘿嘿！」

浩東的重大發言
嘿嘿

教室守護天使的特別課程

‧戰爭的世界史

‧書中的人物，書中的事件

‧使思考成長的人文學

戰爭的世界史

國與國之間，或集團與集團之間的鬥爭就叫做戰爭，而在一個國家內發生的糾紛則叫做內戰。大大小小的爭吵則統稱為紛爭。在人類歷史中，發生過無數次的紛爭。究竟為什麼會發生戰爭呢？

為什麼會發生戰爭？

我們很難只用一個理由解釋為什麼戰爭會發生。但如果試著分析原因就會知道，戰爭會發生，其實背後都不只有一個原因。

在古代，引發戰爭的主要原因是因為領土的紛爭。當時各部族或國家為了佔據更肥沃的土地而引發戰爭。但是隨著許多國家出現，戰爭的原因也變得更複雜。

在西元 1960 年代，非洲的奈及利亞北部地區，曾因為基督教和伊斯蘭教的對立爆發過戰爭。直到今日，當地宗教的紛爭仍持續在發生；在亞洲的韓國也因為理念的差異，分裂為南韓和北韓，至今兩韓仍是處於分裂的狀態。

在現今世界，也有許多國家因為種族問題而爆發衝突，或是有為了對抗獨裁政權而產生的紛爭。

像這樣，現今世界各地的人們，也因為各種原因而不斷發生紛爭與戰爭。

那麼，在人類的歷史上，又曾發生過什麼影響重大的戰爭呢？

歷史上具代表性的戰爭

波希戰爭

約在西元前六世紀，波斯帝國是古代亞洲世界中，擁有最廣大領土的國家。當時波斯不斷對外發動征戰，其中三次入侵希臘的戰爭，就稱為波希戰爭。

希臘士兵和波斯士兵的戰鬥

波希戰爭中的其中一場戰役發生在馬拉松平原，當時希臘大勝。希臘軍隊的傳令兵為了將這個好消息傳達到雅典，跑了約四十二公里，最後留下一句「我們勝利了！」後就倒地死去。這個故事一直流傳至今。現在奧運比賽項目中的馬拉松競賽，據說就是起源於馬拉松戰役。

波斯和希臘的戰爭是東方與西方的第一次戰爭，最終由希臘取得勝利，之後世界史的重心便移往歐洲了。

第二次布匿克戰爭

布匿克戰爭

「布匿克」 是拉丁文 「腓尼基人」的意思，位於非洲北部的迦太基是古代腓尼基人建立的國家。布匿克戰爭是羅馬和迦太基為了爭奪地中海霸權而發生的戰爭，布匿克戰爭從西元前 264 年持續到西元前 146 年，期間總共有三次戰爭。

羅馬在這三次戰爭中大獲全勝，成為掌握地中海的強權，並漸漸發展成世界強國。

十字軍東征

十字軍東征發生在西元 1096 年到 1291 年，約近兩百年的時間內曾有過八次戰役。

當時耶路撒冷是猶太教、基督教與伊斯蘭教的共同聖地。但在西元 1071 年，信仰伊斯蘭教的塞爾柱土耳其人佔領了耶路撒冷，並禁止信仰其他宗教的人們到耶路撒冷朝聖。此舉不但惹怒了其他宗教的信徒，也威脅到鄰近的拜占庭帝國政權。

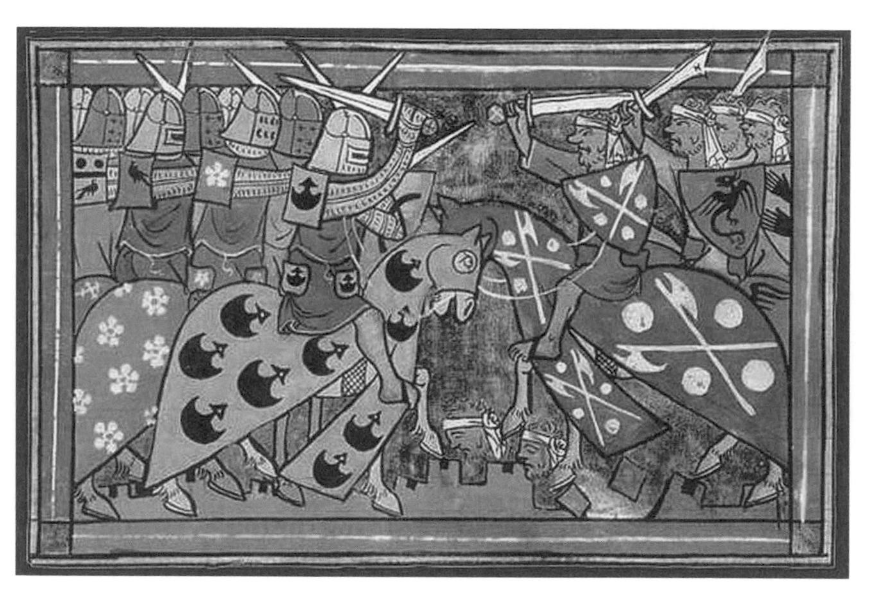

十字軍東征

因此拜占庭帝國的國王阿歷克塞一世向教宗烏爾班二世請求協助。烏爾班二世為了收復聖地耶路撒冷，宣布要派出軍隊。因為當時參與戰爭的騎士們在胸前和肩膀上標示十字架，所以他們被稱為十字軍，這場戰爭也被稱為十字軍東征（遠征）。

但最後十字軍東征以失敗收場，耶路撒冷此後長期被伊斯蘭勢力支配。在歐洲發起十字軍東征的教宗權威下降，參與戰爭的騎士們則面臨經濟困難，勢力減弱。

百年戰爭

百年戰爭橫跨了十四、十五世紀，是法國及英國為了王位繼承權和領土問題而爆發的戰爭。由於戰爭時間超過了百年，因此被稱為「百年戰爭」。雖然一開始英國軍隊佔有優勢，但後來因為法國少女貞德的活躍，讓法國取得最終勝利。

三十年戰爭

三十年戰爭是從西元 1618 年持續到 1648 年、為期三十年的戰爭。

西元 1517 年，德國的馬丁•路德發起宗教改革，使當時歐洲的基督教分裂成信仰天主教的舊教，與跟隨路德的新教，兩個教派的對立非常嚴重。除此之外，也漸出現其他各種新教派，皆被視為新教。

十七世紀初，改信新教的波希米亞與信奉舊教的神聖羅馬帝國發生衝突，逐漸演變成戰爭。這場戰爭便是三十年戰爭。

後來因為有許多國家參與三十年戰爭，戰爭規模因此變得相當龐大。三十年戰爭以德國為主要戰場，在戰爭後，德國全國國土遭到損害，數百萬名人民傷亡。

美國獨立戰爭

十八世紀初，英國在北美沿岸設立了十三個殖民地。一開始英國並不怎麼干涉殖民地，但到了十八世紀後半，英國想要向北美殖民地徵收新稅，並管制殖民地的貿易，這些政策對殖民地人民的生活造成沉重的負擔，居民們因此發出抗議，並想要爭取獨立，結果爆發了戰爭。殖民地代表們在西元 1776 年 7 月 4 日，向世界公開發表《獨立宣言》。《獨立宣言》中包含了民主主義的基本原理。

獨立軍獲得法國等歐洲各國的幫助而取得勝利。參戰國的代表們於西元 1783 年聚集在巴黎簽訂和約，英國承認十三個殖民地的獨立。結果，十三州聯合的獨立國家——美國，就這樣誕生了。

美國獨立戰爭

拿破崙戰爭

拿破崙戰爭發生於西元 1799～1815 年，指的是在法國革命後，拿破崙一世帶領法國和歐洲許多國家進行的戰爭。

當時的法國是歐洲最富強的國家，因此其他歐洲列強總是得看法國的臉色，並隨時對法國保持警戒，怕法國會攻擊他們。但是在法國國內發生革命、陷入混亂後，歐洲列強便打算聯手攻擊法國，他們組成了「反法同盟」，想要一起侵略法國。這時拯救法國脫離危機的就是拿破崙。拿破崙靠著優秀的戰略才能和勇猛擊退了敵人，成為「國民的戰爭英雄」。

後來，拿破崙在西元 1799 年發動政變並掌握了政權，甚至在西元 1804 年封自己為「法國人的皇帝」。登基成為皇帝的拿破崙開始向外征戰，他佔領了歐洲大部分的土地，幾乎等於統治整個歐洲。

英國、奧地利、普魯士和俄羅斯等國的君主們不承認拿破崙的地位，並組成了聯軍共同抵抗拿破崙的入侵。

拿破崙翻越阿爾卑斯山

雖然拿破崙十分擅長打仗，但最後戰無不勝的拿破崙仍是輸給了聯軍，被流放到了義大利的厄爾巴島。

隔年拿破崙逃出厄爾巴島後，再次奪回權力。不過，之後他卻在滑鐵盧戰役中戰敗，輸給了英國、荷蘭與魯士聯軍。

戰敗後，拿破崙再度被流放，這次他被流放到非洲西邊的聖赫勒拿島，最後他在島上去世。

日俄戰爭

在非西方的國家之中，最先引進西洋武器、進行現代化戰爭的國家

日俄戰爭時的俄羅斯軍隊

就是日本。

十九世紀末，日本因為工業化和現代化改革成功，而有了向全世界展現自身力量的野心，所以日本不僅與中國清朝爆發了甲午戰爭（西元 1894～1895 年），還在西元 1904 年攻擊俄羅斯艦隊，引發了日俄戰爭。日俄戰爭是為了爭奪朝鮮半島和中國東北的滿洲支配權而發生的戰爭，在這場戰爭中，細心準備的日本最終獲勝。此後，日本除了能夠支配朝鮮半島外，也開始將勢力延伸至南滿洲。

第一次世界大戰

工業革命後，歐洲工業迅速發展，歐洲各國的工廠生產了各式各樣的物品。為了能夠賺更多的金錢，歐洲各國開始尋找更多能夠販賣這些物品的市場。也因為製造了許多物品，歐洲有的原料漸漸減少，各國便也開始尋找能夠持續提供豐富原料的地方。除此之外，他們還需要尋找許多能夠幫忙生產物品的勞工。剛好亞洲和非洲擁有豐沛的原料和人力，於是歐洲列強們爭先恐後地侵略這兩大洲，在亞、非兩洲各地建設殖民地。

用強大的經濟力和軍事武器佔領其他國家、統治其他民族的國家，就被稱為「帝國主義國家」。第一次世界大戰就是帝國主義國家互相爭奪

第一次世界大戰當時的保加利亞軍人

殖民地造成的悲劇。

隨著帝國主義國家爭奪殖民地的競爭越來越激烈，各國依照民族或國家之間的關係分派，組成「三國同盟」與「三國協約」。當時，德國、奧地利和義大利三國組成「三國同盟」，以德國為中心。法國、俄羅斯與英國則為了對抗「三國同盟」而組成「三國協約」。

西元 1914 年，奧地利皇太子夫婦被塞爾維亞的青年暗殺，引爆了第一次世界大戰。奧地利因為這一次的暗殺事件，向塞爾維亞宣戰。同樣身為斯拉夫民族國家的俄羅斯為了支援塞爾維亞，也向奧地利宣戰。與奧地利同盟的德國則向俄羅斯宣戰；之後法國也加入了戰爭，支持俄羅斯與塞爾維亞。這場戰爭馬上就擴大，變成歐洲所有列強都參與的戰爭。列強們分為「同盟國」和「協約國」兩派，彼此攻擊，之後又再加上日本和中國，全世界就都被捲入了戰爭的漩渦之中。

這場激烈的戰爭在西元 1918 年結束，「協約國」獲得了勝利，但無論戰勝的是哪一方，造成的傷害都十分嚴重。第一次世界大戰的規模非常浩大，許多人在戰爭中喪命，很多土地也因為戰爭荒廢了。

第二次世界大戰

西元 1929 年，各國的銀行和企業紛紛倒閉，許多人失去工作，成為了失業者，全世界遭遇「經濟大恐慌」，各國的經濟都陷入了困難。

在各國努力想要克服這個經濟危機的過程中，「極權主義」誕生了。極權主義壓抑個人的自由，希望人民能以國家或民族的利益為優先。義大利的墨索里尼、德國的希特勒等人，就是極權主義獨裁者的代表人物。

義大利的墨索里尼（左）和德國的希特勒（右）

他們想要藉由侵略其他國家、佔領其他國家來獲取更多資源，幫助自己的國家脫離經濟危機，所以德國、義大利、日本組成了「軸心國」，開始向外發動戰爭，侵略其他國家；英國、法國、美國、蘇聯則組成了「同盟國」來對抗軸心國。之後雙方展開戰爭、越演越烈，第二次世界大戰就這麼爆發了。

在第二次世界大戰的戰爭期間，德國的希特勒屠殺了許多猶太人，也破壞各地的都市。加上列強們製造出許多尖端武器（原子彈是其中之一），並把這些武器用在戰爭裡，讓許多人傷亡。因此，第二次世界大戰成為人類歷史上奪走最多人命和造成最多財產損失的戰爭。

在這場戰爭中，「同盟國」贏得最後的勝利，但是戰爭過後，全世界的人們看到荒廢的國土和大量的犧牲者，再次感受到戰爭的可怕。為了不讓戰爭再次發生，大家一致認為全世界應該要同心協力，努力維護和平。

兩伊戰爭

兩伊戰爭是指第二次世界大戰後，在中東地區的伊朗與伊拉克爆發的戰爭。第二次世界大戰後，中東成為世界上最常發生紛爭的地區。這裡除了政治、宗教、民族等問題非常複雜之外，還因為是石油的主要產地，成為強國爭相想要控制的區域。

中東地區裡屬於波斯文化圈的伊朗，與阿拉伯文化圈的伊拉克，關係本來就不好。加上伊朗在西元 1979 年時，國內因為發生革命陷入了混亂之中，國力逐漸衰弱，伊拉克便趁機入侵伊朗，引發兩伊戰爭。

兩伊戰爭發生於西元 1980～1988 年，剛開始發生時，世界各強國並沒有積極阻止戰爭發生，反而只想著要將武器賣給伊朗與伊拉克。

後來戰場逐漸擴大，戰事蔓延到波斯灣。眼看這場戰爭好像會漸漸演變成國際戰爭，「聯合國」才在西元 1987 年時出面調停，希望兩國停止戰爭。最後，終於在西元 1988 年，伊朗和伊拉克結束了戰爭。

但這場戰爭只留給了兩國極大的傷害。兩伊戰爭中，大約一百萬以上的人喪命，經濟損失也非常慘重。曾為石油富國的兩國，在戰爭結束後，竟然都成為了負債國。

韓戰

第二次世界大戰後，東北亞的韓國內也發生過許多戰爭，其中最大的戰爭就是韓戰。

第二次世界大戰結束後，韓國內部因為政治理念的差異而分裂成南北兩國。後來在西元 1950 年 6 月 25 日，北韓入侵南韓，引爆了韓戰。

當時政治不安定的南韓，在毫無防備的情況下開始了這場戰爭。所

登陸韓國仁川的「聯合國」軍隊

以，在北韓入侵南韓後的短短兩天內，首爾就被北韓軍隊佔領了（6 月 27 日）。

韓戰初期戰況，對南韓較為不利。但隨著「聯合國」軍隊派兵支援南韓，戰爭逐漸轉變成對南韓有利的局面。可是北韓之後也獲得了當時中國共產黨的軍隊支援，戰爭變得更加激烈，持續了三年之久。

戰爭因兩韓在西元 1953 年 7 月 27 日簽訂停戰協定，進入了停戰狀態，但是韓戰帶給韓國人民難以言喻的嚴重傷害，並且成為不幸的記憶。

為了和平做出的努力

經歷這些戰爭後，全世界的人明白了戰爭是多麼可怕的事。世界各地開始發起反戰運動，也漸漸出現了「和平必須由世界各國共同努力」的聲音。

因為第一次世界大戰和第二次世界大戰的爆發，人們體會到了各國必須合作，才能維護和平，因此需要創立一個強而有力的國際機構來處理國際事務。於是，「國際聯盟」和「聯合國」便出現了。

第一次世界大戰後，以維持世界和平與安全為目標的「國際聯盟」成立，但「國際聯盟」並未發揮太多影響力，所以在第二次世界大戰後，各國便認為需要再創建一個能補強「國際聯盟」不足的國際機構，因此成立了「聯合國」。

「聯合國」是世界規模最大的國際機構。一年召開一次大會，大會時各國聚在一起，對國際和平、安全、人權與自由等問題進行討論。

為了世界和平而努力的「非政府組織」也很多。「非政府組織」不是政府機關或與政府有關係的團體，而是單純的民間組織，是為了公益目的而運作的非營利機構。這種機構和「聯合國」合作，也為維護世界和平而努力。

書中的人物，書中的事件
——貞德和百年戰爭

漫長的戰爭——百年戰爭

中世紀末期，英國和法國之間爆發百年戰爭。這場戰爭開始於西元 1337 年，一直延續到西元 1453 年，是長達 116 年的漫長戰爭。

百年戰爭初期的克雷西會戰（西元 1346 年），法軍戰敗

戰爭起因於王位繼承問題和領土糾紛。西元 1328 年，法國國王查理四世過世了，但他死時沒有留下任何兒子，所以查理四世的堂哥腓力六世便繼承了王位。不過，當時的英國國王愛德華三世卻認為應該由他來繼承王位，理由是他的母親是查理四世的妹妹。因為這次的王位繼承問題，兩國之間的對立越來越嚴重。再加上當時英國統治了部分的法國土

地，兩國又因為土地問題產生衝突。那時候的法蘭德斯和奎恩是英、法兩國都想要佔據的地方，法蘭德斯是歐洲最大的毛紡織工業地帶，奎恩則是歐洲最大的葡萄酒產地，兩地充滿豐富的資源，所以英、法兩國都希望能夠佔有兩地。因為這樣，英國和法國就爆發了漫長的戰爭。

戰爭初期，英國有很大的優勢。到了戰爭中期，法國還因為國內的貴族對立，導致法國的勃艮第公國跑去和英國結盟。但在西元 1429 年貞德參戰後，扭轉了戰爭的局勢。後來法國軍隊持續取得勝利，奪回大部分失去的領土。

引領法國走向勝利的貞德

百年戰爭進行期間，法國人民過得非常痛苦。因為英國軍人在征服一個地方後，必須要自己在征服地找東西吃，所以他們會強奪村民的糧食或家畜，也會放火將整個村莊燒成灰燼。

貞德居住的棟雷米村莊也遭到英軍攻擊。西元 1425 年，在貞德十三歲那年，棟雷米村莊受到英國軍隊的襲擊，村莊開始起火。看到起火的村莊，貞德對英國軍隊產生嚴重的厭惡。

某天，在貞德身上，發生了一件特別的事。貞德開始能聽到來自天使的聲音。那個聲音要貞德更加努力地禱告及信奉上帝。有一天，貞德

貞德

引領奧爾良戰役的貞德

甚至從天使那裡收到了特別的啟示。

「貞德，帶領軍隊去擊退英國軍隊和勃艮第軍隊，拯救法國吧！」

中世紀時，有許多人都會聲稱自己聽到了聖人和天使的聲音。那是因為他們自認對上帝的信仰很強烈又很單純，所以才會出現這樣的事情。

收到天使啟示的貞德去拜見查理六世的兒子——查理王子。查理王子在試探貞德後，便認可了貞德特別的能力，並讓她指揮法國軍隊。

貞德上了戰場後，在長期被英國軍隊包圍的奧爾良與英軍展開激戰，最後獲得了勝利。貞德後來也在其他戰役中接二連三地取得勝利，法國連連戰勝扭轉了戰局。查理王子也正式舉行加冕儀式，登上王位成為查理七世。

被稱為女巫的貞德

貞德接連取得勝利，越來越受到國民愛戴，讓查理七世對貞德感到不滿。而且比起繼續打仗，他更希望透過和平談判來結束戰爭。

不過，不知情的貞德仍為了佔據更多的重要領土，持續與英國軍隊奮戰。西元 1430 年，貞德在康比涅戰役中被勃艮第軍隊捉走，成為了戰俘。勃艮第軍隊將貞德交給英國軍隊。

在當時，只要收到贖金後，就可以放走戰俘，但查理七世不但沒有付贖金給英國軍隊，也沒有為了救出貞德而做任何努力。對已經獲得勝利的法國來說，貞德只是個麻煩的存在。

結果，英國軍隊決定要陷害貞德並殺死她。英國不想讓被法國軍隊視為英雄的貞德繼續活著。

為了能順利處死貞德，英國政府製造謠言，說貞德是女巫。他們計畫要讓貞德成為天主教異端（指做出違背信仰宗教行動的人），而女巫就是異端之一。後來，在科雄主教的主導下舉行宗教審判，審判官假造證據，情況對貞德非常不利。在宗教審判上，英國讓貞德背負了許多罪名，

監禁貞德的盧昂城堡監獄

包含誣陷貞德是女巫的事情。最後他們甚至指控貞德穿著男裝：「貞德拒絕穿女裝是對教會的不服從。」（在當時，宗教不允許女生隨便穿著男生的服裝）。

在經過多次的審判後，貞德最後被處以火刑。西元 1431 年 5 月 30 日，貞德在火刑台的烈火中去世。

貞德恢復了名譽

貞德的死訊讓法國人民很憤怒，他們批評法國政府在貞德被監禁和受宗教審判的期間，不僅沒有做任何事，還始終保持沉默，人民開始要求恢復貞德的名譽。

後來在西元 1455 年，教會重新調查貞德死前所接受的審判，洗清了貞德被誣賴成女巫的汙名。

重獲清白讓貞德生前的許多功績再次被看見。西元 1456 年，新的審判結果出爐。審判結果承認貞德所聽見的聲音是天使的聲音，而且認為貞德是位忠誠且誠實的天主教女性。

在後來重啟的審判將要結束時，貞德又再次成為法國的英雄。此時，貞德才再度被認為是帶給法國人民勇氣和希望、拯救國家的勇敢少女。

貞德的故事後來出現在許多電影和文學作品之中。在這些作品中，貞德的形象超越了拯救法國的英雄形象，並且有了新的詮釋與評價。

中世紀是女性無法參與政治與經濟活動的時期。即使是在那種環境下，貞德卻也勇敢挑戰了以男性為主的社會，對保守的思考方式提出疑問。不是待在男人背後，而是挺身出來面對充滿危機的世界，展現了全新的女性形象。

直到現在，全世界關於貞德的研究仍持續進行中，也出現了各式各樣對貞德的評價。

遭受火刑的貞德

巴黎聖母院裡的貞德石像

*本書部分情節與圖像為作者想像與創作，或與史實有些出入。

使思考成長的人文學

1. 浩東為了當上班長而提出「班長候選人的條件」。但從人文學教室遊戲回來後，他了解到自己的錯誤，並宣布放棄競選班長。浩東對於班長選舉的想法，在遊戲之前和之後有什麼不同呢？

2. 浩東的爸爸曾說戰爭是來自於人們的貪心與自私。真的是這樣嗎？請試著寫下你的想法。

3. 讀了「歷史上具代表性的戰爭」後，你有沒有一、兩個想更加了解的戰爭呢？或是沒在這本書中出現，但是很好奇的戰爭呢？你所好奇的是什麼戰爭？請搜集相關資料，並寫下你對這場戰爭的想法。

---

4. 戰爭會造成許多不幸，所以世界上有許多人努力防止戰爭發生。在生活中，我們可以做些什麼來維持和平呢？請想一想，並寫下來。